The Interesting Coral Reefs

多彩
珊瑚礁生物

陈清华 编著

中国海洋大学出版社
CHINA OCEAN UNIVERSITY PRESS
·青岛·

图书在版编目（CIP）数据

多彩珊瑚礁生物 / 陈清华编著. — 青岛 ：中国海
洋大学出版社，2019.5（2024.5重印）

ISBN 978-7-5670-2240-9

Ⅰ．①多… Ⅱ．①陈… Ⅲ．①珊瑚礁－少儿读物②海
洋生物－少儿读物 Ⅳ．①P737.2-49②Q178.53-49

中国版本图书馆CIP数据核字(2019)第102547号

多彩珊瑚礁生物

出 版 人	杨立敏
出版发行	中国海洋大学出版社
社 址	青岛市香港东路23号
网 址	http://pub.ouc.edu.cn
策划编辑	邓志科 电话 0532-85901040
责任编辑	邓志科 电话 0532-85901040
印 制	青岛海蓝印刷有限责任公司
版 次	2019年7月第1版
成品尺寸	185mm×225mm
字 数	30千
印 数	2301-5300

邮政编码　266071
电子信箱　dengzhike@sohu.com
订购电话　0532-82032573（传真）
印 次　2024年5月第2次印刷
印 张　9.75
定 价　39.00元

发现印装质量问题，请致电0532-88785354，由印刷厂负责调换。

前言
Preface

　　珊瑚礁生物群落包括众多生物类群，如珊瑚类生物、礁栖无脊椎动物和礁栖脊椎动物。珊瑚类生物有造礁石珊瑚、柳珊瑚、软珊瑚等，礁栖无脊椎动物有海绵、海葵、海鞘、双壳类等，礁栖脊椎动物有鱼类、龟类等，总物种数达数千种。

　　我国科学家开展珊瑚研究工作已有数十年历史，在珊瑚礁生态系统调查、生态修复、生态毒理等方面都取得了瞩目成绩，出版了不少专著。近几十年来，随着社会经济快速发展，人类活动足迹广泛延伸到珊瑚礁分布区域，已对珊瑚礁造成影响。据报道，我国大陆近岸珊瑚礁破坏率达 60% 以上，三沙岛礁珊瑚破坏明显。珊瑚保护意识的培养，需要从小抓起，离不开对小学生和娃娃们的科普宣传，更需要广大群众的支持和参与。但国内目前缺乏适合中小学生、珊瑚礁生物爱好者阅读的图谱类科普书籍。广大学生和爱好者只能从专业书籍或网上获取相关信息。

自 2015 年始，在国家环保公益项目的支持下，生态环境部华南环境科学研究所连续 4 年开展了西沙主要岛礁及近岸海域珊瑚礁生态系统调查工作。在历次调查中，我们一方面被西沙珊瑚礁生物的多姿多彩深深感动，一方面对人类活动和气候变化影响下区域内珊瑚礁面临的压力深感焦虑。珊瑚礁及其间生活的各种生物需要得到我们的认识，更需要大家采取行动予以保护。有感于此，我萌发了要为国内中小学生和珊瑚礁生物爱好者编出一本图谱性质书籍的想法。这本书不在于传授知识的多少，只是希望能够以图片形式呈现珊瑚礁的美丽，希望更多人爱上珊瑚礁、迷上珊瑚礁，进而用实际行动保护珊瑚礁。

　　本书内容包括珊瑚礁的基本知识、珊瑚物种、礁栖生物、珊瑚天敌与疾病等。通过大量精美实景图片，展示珊瑚礁的美丽多姿，唤起大家对珊瑚礁生物的兴趣。

　　本书成书过程中，徐敏在资料收集、程琪在信息校对方面出力不少，本人在此表示深深感谢。

目录
Contents

第一章　什么是珊瑚礁

....001

第二章　珊瑚大家族

....011

第一节　杯形珊瑚科 011

第二节　鹿角珊瑚科 016

第三节　石芝珊瑚科 040

第四节　铁星珊瑚科 048

第五节　菌珊瑚科 051

第六节　滨珊瑚科 054

第七节　枇杷珊瑚科 060

第八节　裸肋珊瑚科 062

第九节　蜂巢珊瑚科 068

第十节　褶叶珊瑚科 088

第十一节　梳状珊瑚科 094

第十二节　丁香珊瑚科 096

第三章　珊瑚的亲朋好友

....099

　　第一节　鱼类..099

　　第二节　其他动物........................121

第四章　珊瑚的敌人

....135

　　第一节　珊瑚的捕食者......135

　　第二节　生物竞争者
　　　　　　——大型藻........140

　　第三节　极端天气.............143

　　第四节　病　害.................147

第一章　什么是珊瑚礁

珊瑚礁的形成

　　珊瑚虫是海洋中的一个动物类群，是造型奇特、玲珑剔透的生物。包括软珊瑚、柳珊瑚、红珊瑚、石珊瑚、苍珊瑚等。其中，石珊瑚是建造珊瑚礁的主力军，其骨骼由碳酸钙组成。无数群居在一起的造礁珊瑚虫，同其他造礁生物合作，不断分泌碳酸钙并胶结其遗骸，经过长年累月，逐渐形成了珊瑚礁。

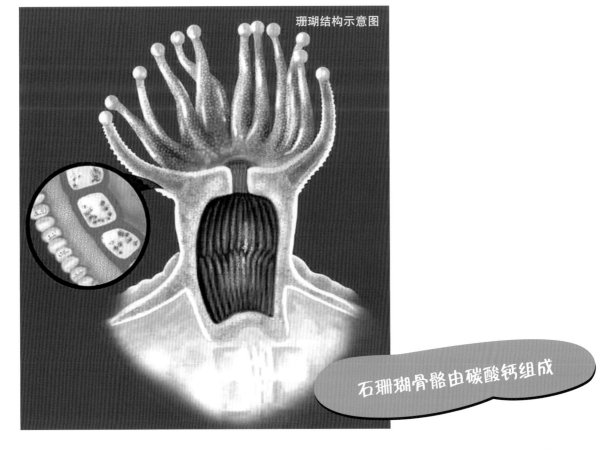

珊瑚结构示意图

石珊瑚骨骼由碳酸钙组成

共生藻

珊瑚虫生活的海域能提供的食物极少，但珊瑚虫依然能正常生长，这是什么原因呢？原来，珊瑚虫体内都生活着数百万计的微藻——虫黄藻，这些虫黄藻能进行光合作用，而珊瑚虫主要利用虫黄藻光合作用产生的氧气及有机物而生活。珊瑚虫除了为虫黄藻提供保护及居所外，亦供应其光合作用所需要的二氧化碳及无机盐。所以，珊瑚虫和虫黄藻相互依赖，形成共生关系。

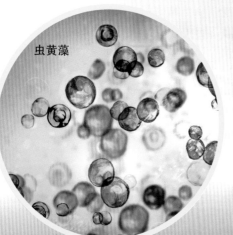

虫黄藻

珊瑚水螅体内生活着虫黄藻

多彩珊瑚礁生物

为什么珊瑚有各种颜色

　　珊瑚虫体内的虫黄藻一般是褐色、黄绿色、茶色，这是虫黄藻体内色素所决定的。而珊瑚虫自身也是含有色素的。珊瑚虫所含的色素分为两种：荧光色素和非荧光色素。荧光色素中最具代表性的就是绿色荧光蛋白，绿色荧光蛋白在紫外线的激发下能发出绿色荧光。因此夜潜的时候用紫色灯照射含有绿色荧光蛋白的珊瑚，会看到绿色荧光。图中的矛枝鹿角珊瑚所显示的紫色就是它自身的非荧光色素的颜色。而矛枝鹿角珊瑚也有褐色、褐绿色的群体，这是因为光线不足时，为了提高光合作用效率，珊瑚体内的虫黄藻密度增加，渐渐地，虫黄藻的颜色加深，掩盖过了珊瑚虫自身的色彩。

紫色的矛枝鹿角珊瑚

图中的矛枝鹿角珊瑚所显示的紫色就是它自身的非荧光色素的颜色。

多彩珊瑚礁生物

珊瑚礁的分布

珊瑚有冷水珊瑚（深水珊瑚）和温水珊瑚之分。一般而言，我们说的珊瑚都是指温水珊瑚。温水珊瑚主要分布在南、北纬30°之间的海域，尤以太平洋中、西部为多。据估计，全世界珊瑚礁连同珊瑚岛的面积约30万平方千米，约占全球海洋面积的0.1%，相当于半个法国的面积。

海底珊瑚礁

珊瑚礁的生物类群

珊瑚礁有"海洋的热带雨林"之称，为大量海洋动物提供栖息、觅食、繁殖的空间，其中的生物类群包括蠕虫、软体动物、海绵、棘皮动物、甲壳动物和鱼类。在部分区域还有海藻和海草。珊瑚礁生态系统与红树林生态系统和海草床生态系统被认为是海洋中最具生态价值的三大生态系统。

珊瑚礁是鱼类的重要活动场所

第一章　什么是珊瑚礁

珊瑚礁为多种鱼类提供立体的生活空间

珊瑚礁**的生态功能**

　　珊瑚礁仅占海洋面积的 0.1%，却为 25% 的海洋物种提供栖息环境。珊瑚礁提供的生态服务包括旅游、渔业和海岸保护等，每年为全球提供的经济价值为 300 亿~3 750 亿美元。没有珊瑚礁的保护，大洋中的很多小岛礁都将被台风摧毁。人类每年从珊瑚礁海域捕获约 600 万吨水产品。据估算，每平方千米保护良好的珊瑚礁每年能提供 15 吨海产品。东南亚的珊瑚礁每年产生 24 亿美元渔业价值。

珊瑚礁为多种鱼类提供立体的生活空间

珊瑚礁鱼类

神秘的珊瑚礁大三角

珊瑚礁大三角是指印度尼西亚、马来西亚、菲律宾、巴布亚新几内亚、东帝汶和所罗门群岛之间呈三角形的海域，面积约 600 万平方千米，全球大部分珊瑚礁物种都生活在这一区域。

珊瑚礁大三角被称作"海洋中的亚马孙河"，其拥有全球约 75% 的珊瑚物种、约 86% 的海龟物种、37% 的珊瑚礁鱼类物种，并为 1.3 亿人提供海洋产品。珊瑚礁大三角每年为该区域渔民提供 30 亿美元的渔业产出和 30 亿美元的旅游收入。

第二章 珊瑚大家族

广义上的珊瑚是珊瑚纲动物的统称，包括珊瑚和海葵。全球珊瑚纲动物现生种类有 2000 余种，化石种约 5000 种，主要有 2 个亚纲，分别为八放珊瑚亚纲及六放珊瑚亚纲。

珊瑚纲动物绝大多数营群体生活，只有极个别种为单体生活，如细指海葵。

以下重点展示海洋中常见的造礁珊瑚，希望大家对珊瑚这个大家族能有初步的认识。

第一节 杯形珊瑚科

杯形珊瑚都营群体生活，主要分布于太平洋与印度洋，形状多样，有的大块状，有的分枝状或树状。

鹿角杯形珊瑚

鹿角杯形珊瑚

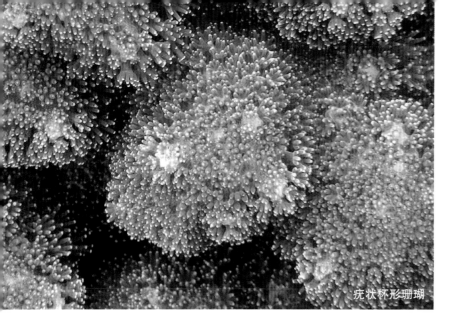

疣状杯形珊瑚

多曲杯形珊瑚

多彩珊瑚礁生物

多曲杯形珊瑚

埃氏杯形珊瑚

埃氏杯形珊瑚

柱状珊瑚

柱状珊瑚

柱状珊瑚

箭排孔珊瑚

箭排孔珊瑚

箭排孔珊瑚

第二节　鹿角珊瑚科

指状蔷薇珊瑚

多彩珊瑚礁生物

繁锦蔷薇珊瑚

繁锦蔷薇珊瑚

繁锦蔷薇珊瑚

叶状蔷薇珊瑚

叶状蔷薇珊瑚

叶状蔷薇珊瑚

多彩珊瑚礁生物

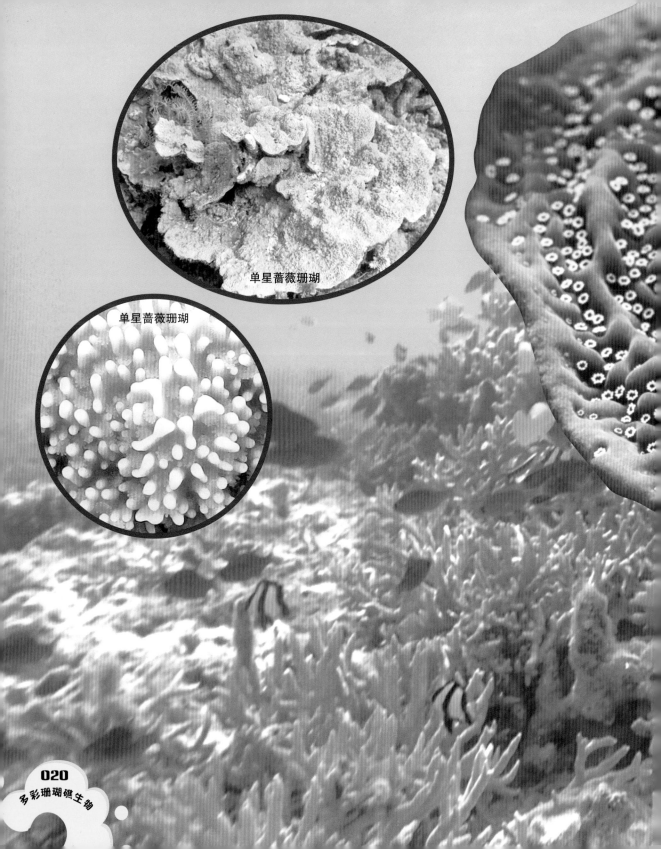

单星蔷薇珊瑚

单星蔷薇珊瑚

多彩珊瑚礁生物

波形蔷薇珊瑚

膨胀蔷薇珊瑚

单星蔷薇珊瑚

多星孔珊瑚

多星孔 珊瑚

多星孔珊瑚

多星孔珊瑚　　多星孔珊瑚

多星孔珊瑚

尖锐鹿角珊瑚

尖锐鹿角珊瑚

多彩珊瑚礁生物

尖锐鹿角珊瑚

尖锐鹿角珊瑚

卡罗鹿角珊瑚

卡罗鹿角珊瑚

卡罗鹿角珊瑚

卡罗鹿角珊瑚

多彩珊瑚礁生物

颗粒鹿角珊瑚

颗粒鹿角珊瑚

颗粒鹿角珊瑚

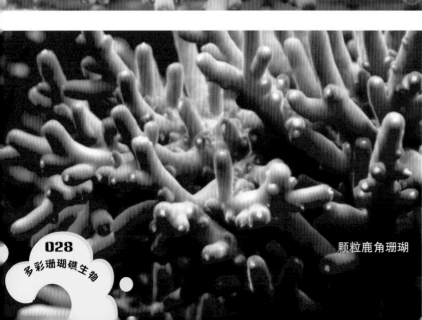
颗粒鹿角珊瑚

多彩珊瑚礁生物

颗粒鹿角珊瑚

盘枝鹿角珊瑚

盘枝鹿角珊瑚

盘枝鹿角珊瑚

多孔鹿角珊瑚

多孔鹿角珊瑚

多孔鹿角珊瑚

珊瑚大家族

多孔鹿角珊瑚

多彩珊瑚礁生物

多孔鹿角珊瑚

多孔鹿角珊瑚

美丽鹿角珊瑚

美丽鹿角珊瑚

佳丽鹿角珊瑚

多彩珊瑚礁生物

美丽鹿角珊瑚

美丽鹿角珊瑚

美丽鹿角珊瑚

佳丽鹿角珊瑚

壮实鹿角珊瑚

壮实鹿角珊瑚

多彩珊瑚礁生物

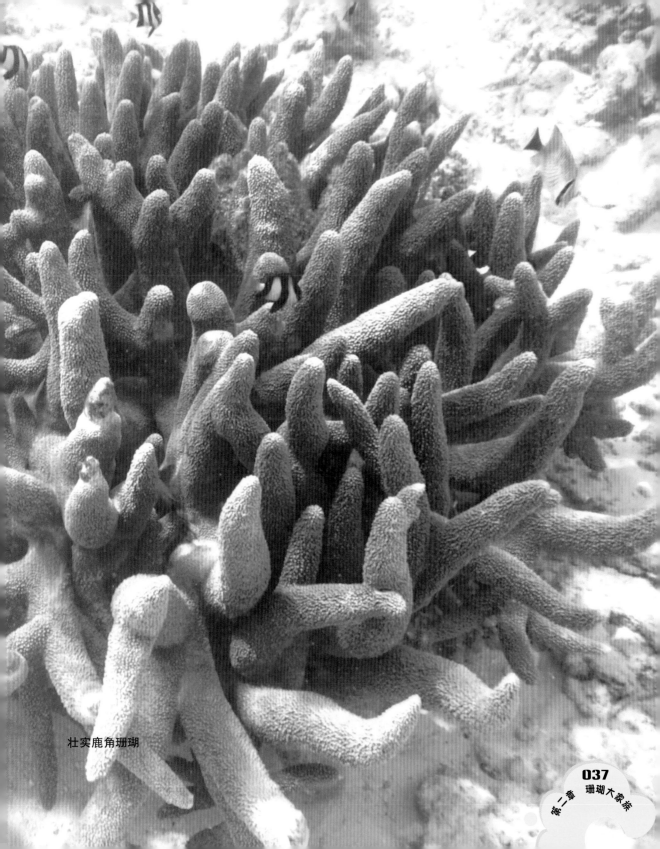

壮实鹿角珊瑚

标准鹿角珊瑚

强壮鹿角珊瑚

多彩珊瑚礁生物

强壮鹿角珊瑚

强壮鹿角珊瑚

强壮鹿角珊瑚

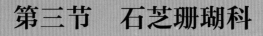

第三节　石芝珊瑚科

圆结石芝珊瑚

圆缩石芝珊瑚

多彩珊瑚礁生物

石芝珊瑚

石芝珊瑚

辐石芝珊瑚

辐石芝珊瑚

粒状蕈珊瑚

粒状蕈珊瑚

波莫特蕈珊瑚

波莫特蕈珊瑚

稻粒蕈珊瑚

稻粒蕈珊瑚

台湾蕈珊瑚

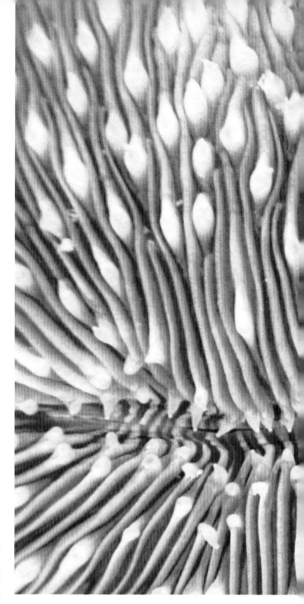

台湾蕈珊瑚

斯库泰里蕈珊瑚

斯库泰里蕈珊瑚

斯库泰里蕈珊瑚

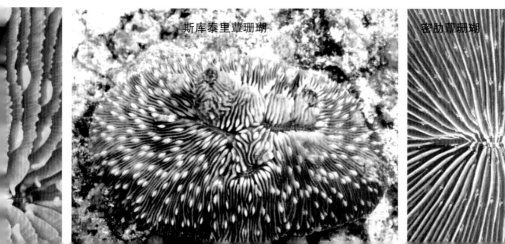

斯库泰里蕈珊瑚

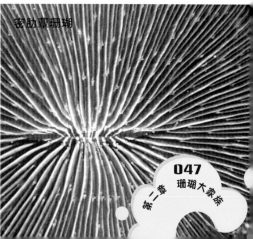

密肋蕈珊瑚

第四节　铁星珊瑚科

毗邻沙珊瑚

毗邻沙珊瑚

毗邻沙珊瑚

指形沙珊瑚

指形沙珊瑚

多彩珊瑚礁生物

第五节　菌珊瑚科

片薄层珊瑚

片薄层珊瑚

西沙珊瑚

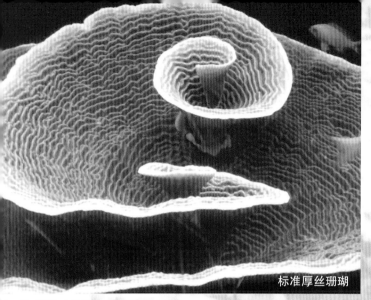

标准厚丝珊瑚

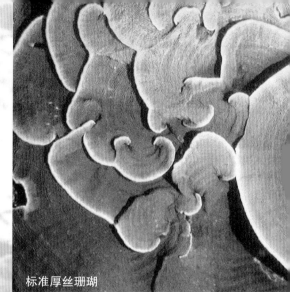

标准厚丝珊瑚

多彩珊瑚礁生物

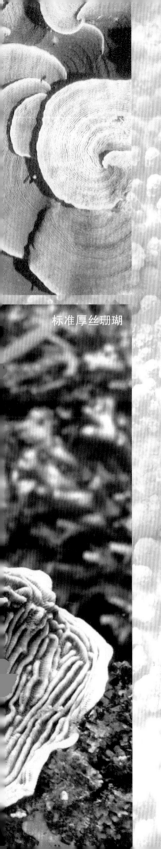

标准厚丝珊瑚

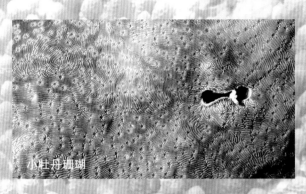

小牡丹珊瑚

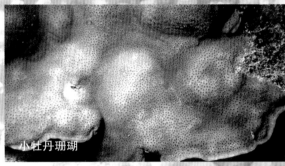

小牡丹珊瑚

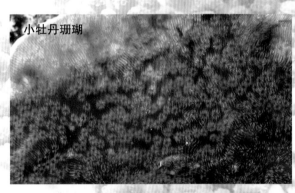

小牡丹珊瑚

小牡丹珊瑚

第六节　滨珊瑚科

细柱滨珊瑚

细柱滨珊瑚

细柱滨珊瑚

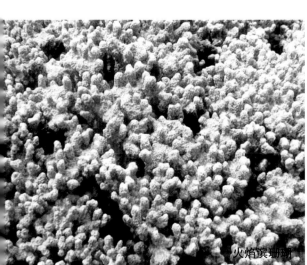

火焰滨珊瑚

火焰滨珊瑚

火焰滨珊瑚

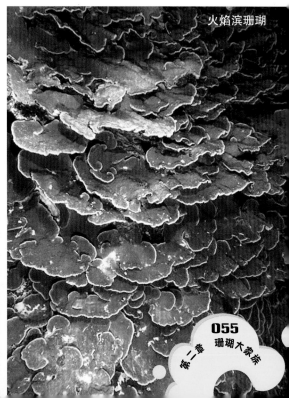

火焰滨珊瑚

钟形滨珊瑚

钟形滨珊瑚

钟形滨珊瑚

钟形滨珊瑚

多彩珊瑚礁生物

团块滨珊瑚

团块滨珊瑚

迈氏滨珊瑚

第七节　枇杷珊瑚科

丛生盔形珊瑚

丛生盔形珊瑚

丛生盔形珊瑚

丛生盔形珊瑚

丛生盔形珊瑚

第八节　裸肋珊瑚科

硬刺柄珊瑚

多彩珊瑚礁生物

硬刺柄珊瑚

硬刺柄珊瑚

硬刺柄珊瑚

多彩珊瑚礁生物

阔裸肋珊瑚

阔裸肋珊瑚

阔裸肋珊瑚

粗裸肋珊瑚

粗裸肋珊瑚

阔裸肋珊瑚

弯干星珊瑚

弯干星珊瑚

弯干星珊瑚

弯干星珊瑚

弯干星珊瑚

珊瑚大家族

第二章

叉干星珊瑚

叉干星珊瑚

叉干星珊瑚

叉干星珊瑚

叉干星珊瑚

同双星珊瑚

同双星珊瑚

锯齿刺星珊瑚

同双星珊瑚

宝石刺孔珊瑚

宝石刺孔珊瑚

宝石刺孔珊瑚

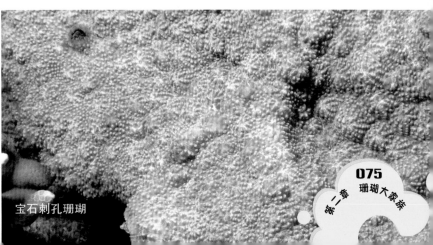

宝石刺孔珊瑚

丑刺孔珊瑚

多彩珊瑚礁生物

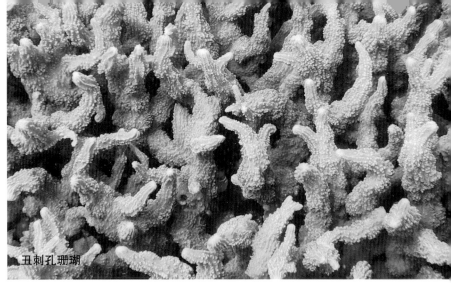

丑刺孔珊瑚

丑刺孔珊瑚

薄片刺孔珊瑚

薄片刺孔珊瑚

瘤突刺孔珊瑚

瘤突刺孔珊瑚

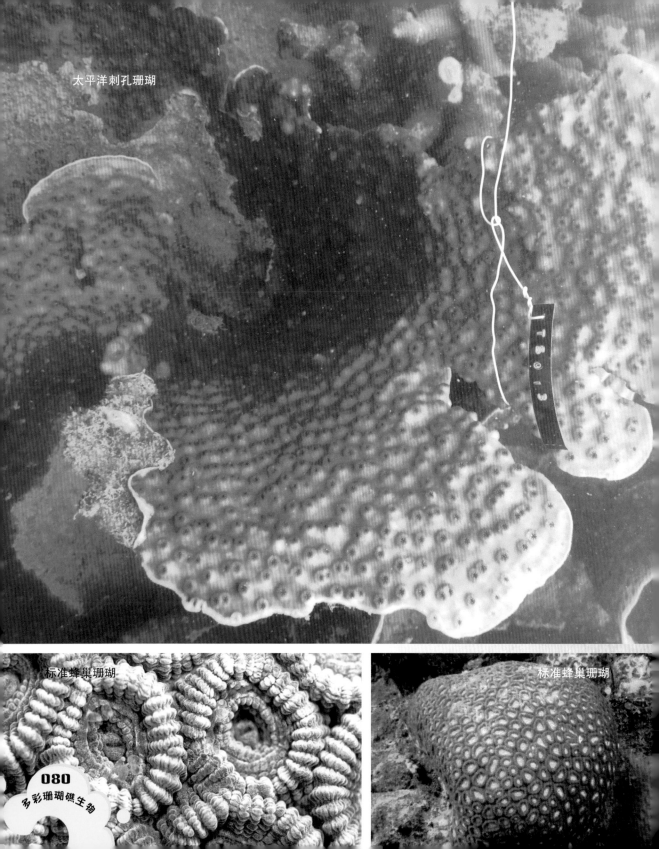

太平洋刺孔珊瑚

标准蜂巢珊瑚

标准蜂巢珊瑚

多彩珊瑚礁生物

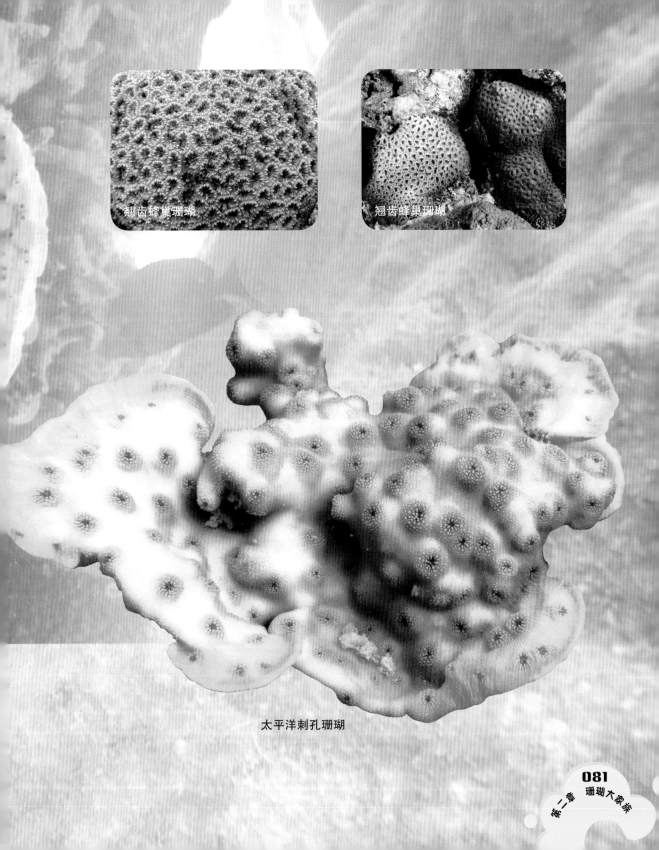

翘齿蜂巢珊瑚

翘齿蜂巢珊瑚

太平洋刺孔珊瑚

秘密角蜂巢珊瑚

秘密角蜂巢珊瑚

多彩珊瑚礁生物

秘密角蜂巢珊瑚

板叶角蜂巢珊瑚

板叶角蜂巢珊瑚

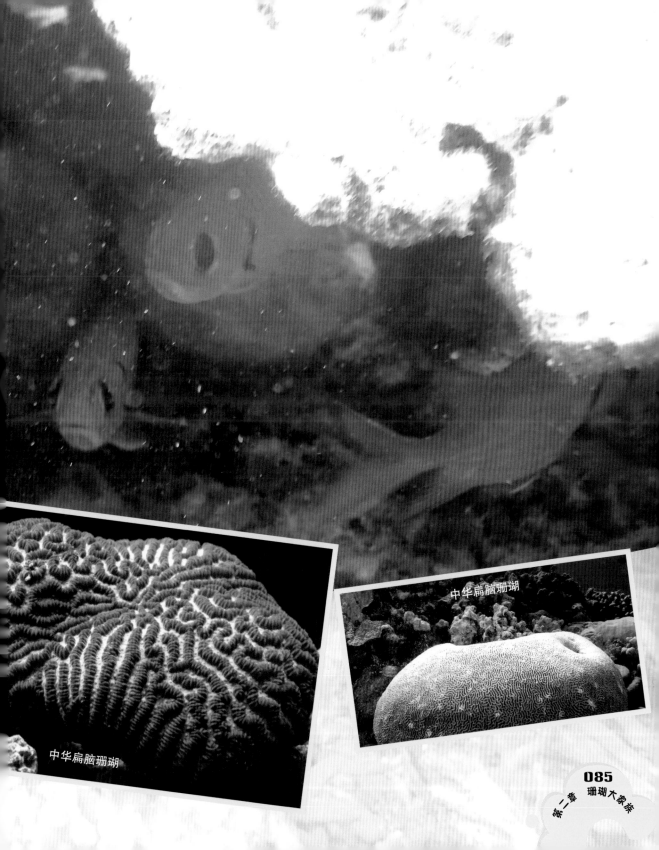

中华扁脑珊瑚

中华扁脑珊瑚

多孔同星珊瑚

多彩珊瑚礁生物

多孔同星珊瑚

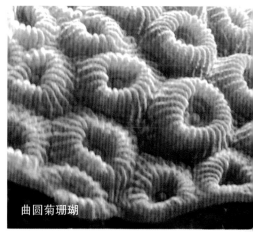

曲圆菊珊瑚

曲圆菊珊瑚

第十节　褶叶珊瑚科

圆冠珊瑚

葡萄蓟珊瑚

葡萄蓟珊瑚

菌状合叶珊瑚

菌状合叶珊瑚

多彩珊瑚礁生物

菌状合叶珊瑚

菌状合叶珊瑚

直纹合叶珊瑚

多彩珊瑚礁生物

直纹合叶珊瑚

放射合叶珊瑚

第十一节 梳状珊瑚科

粗糙刺叶珊瑚

粗糙刺叶珊瑚

棘刺叶珊瑚

莴苣梳状珊瑚

莴苣梳状珊瑚

莴苣梳状珊瑚

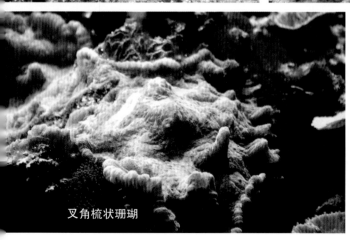

叉角梳状珊瑚

叉角梳状珊瑚

第十二节　丁香珊瑚科

肾形真叶珊瑚

肾形真叶珊瑚

肾形真叶珊瑚

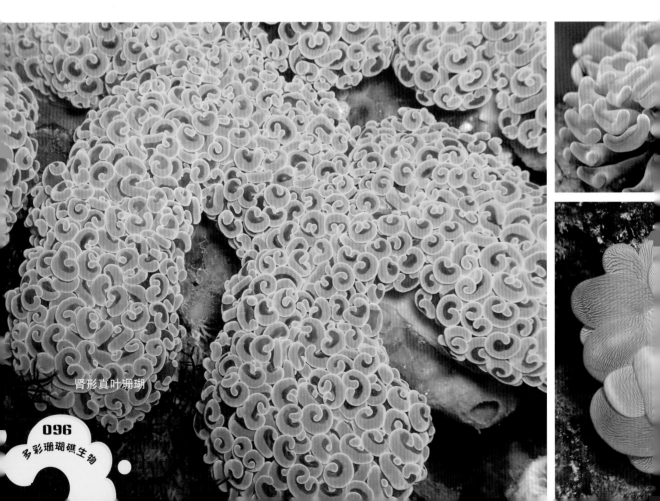

肾形真叶珊瑚

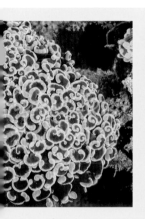

泡囊珊瑚

泡囊珊瑚

肾形真叶珊瑚

泡囊珊瑚

泡囊珊瑚

泡囊珊瑚

泡囊珊瑚

泡囊珊瑚

第三章 珊瑚的亲朋好友

珊瑚礁生态系统是全球海洋生物多样性最丰富的生态系统，是各种软体动物、甲壳动物等觅食、栖息和繁育的理想场所，也是鱼类、大型哺乳类的捕食、栖息地。下面重点展示珊瑚礁生态系统中较常见的鱼类、腔肠类、软体类、甲壳类等动物，这些动物的丰富度是珊瑚礁健康程度的反映，也是珊瑚礁生态价值的体现。

第一节 鱼类

真鲨科

灰真鲨

灰真鲨

灰三齿鲨

无沟双髻鲨

灰三齿鲨

魟科

古氏魟

蓝斑条尾魟　迈氏条尾魟

鲼科

日本蝠鲼

海鳝科

云纹海鳝

云纹海鳝

密花裸胸鳝

爪哇裸胸鳝

斑点裸胸鳝

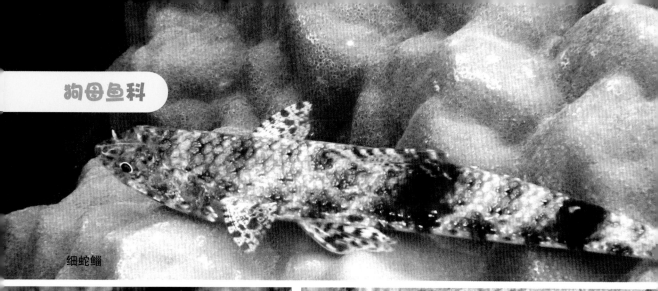

细蛇鲻

云纹蛇鲻

吻斑狗母鱼

颌针鱼科

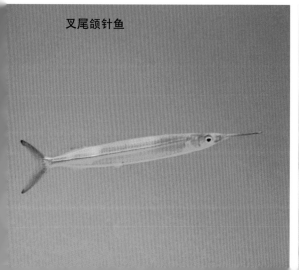

叉尾颌针鱼

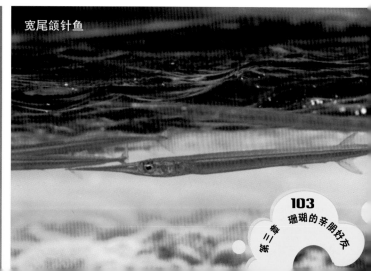

宽尾颌针鱼

金鳞鱼科

红锯鳞鱼

孔锯鳞鱼

大鳞锯鳞鱼

无斑锯鳞鱼

焦黑锯鳞鱼

尾斑棘鳞鱼

长棘鳞鱼

黑鳍新东洋鳂

尖吻棘鳞鱼

黑带金鳞鱼

海龙科

红鳍冠海龙

舒氏冠海龙

黄带冠海龙

舒氏冠海龙

珊瑚的亲朋好友

多名冠海龙

带纹矛吻海龙

冠海龙

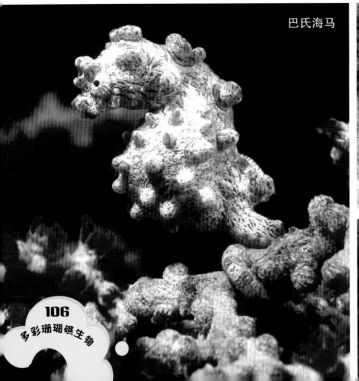

巴氏海马

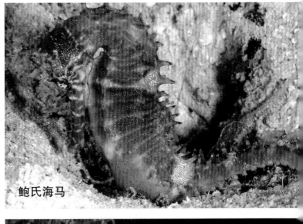

鲍氏海马

膨腹海马

管口鱼科

中华管口鱼

中华管口鱼

隆头鱼科

似花普提鱼

似花普提鱼

腋斑普提鱼

双带普提鱼

斜带普提鱼

中胸普提鱼

鳍斑普提鱼

西里伯斯唇鱼

双斑唇鱼

横带唇鱼

尖头唇鱼

三叶唇鱼

露珠盔鱼

伸口鱼

波纹唇鱼

紫带钝头鱼

背斑盔鱼

金色海猪鱼

圆海海猪鱼

横带厚唇鱼

黑额海猪鱼

盖斑海猪鱼

多彩珊瑚礁生物

双睛斑海猪鱼

三斑海猪鱼

黑鳍厚唇鱼

胸斑锦鱼

双线尖唇鱼

单带尖唇鱼

新月锦鱼

虾虎鱼科

线斑衔虾虎鱼

线斑衔虾虎鱼

塘鳢科

丝条凡塘鳢

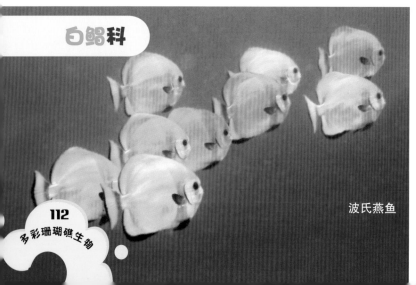

白鲳科

波氏燕鱼

弯鳍燕鱼

燕鱼

篮子鱼科

银色篮子鱼

金点篮子鱼

凹吻篮子鱼

眼带篮子鱼

眼带篮子鱼

镰鱼科

角镰鱼

鹦嘴鱼科

青鲸鹦嘴鱼

杂色鹦嘴鱼

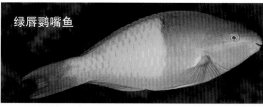
绿唇鹦嘴鱼

狐带鹦嘴鱼

网纹鹦嘴鱼

新加坡鹦嘴鱼

新加坡鹦嘴鱼

拟鲈科

四斑拟鲈

四斑拟鲈

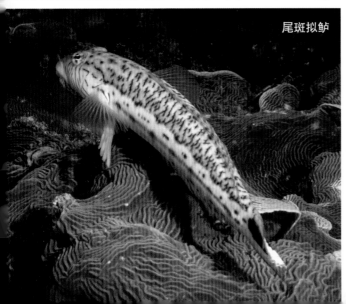

尾斑拟鲈

雪点拟鲈

115

珊瑚的亲朋好友

第三章

鳚科

蓝体盾齿鳚

纵带盾齿鳚

杜氏盾齿鳚

暗褐高鳍鳚

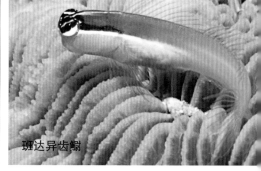

班达异齿鳚

微斑颈须鳚

多斑颈须鳚

大斑鳚

多彩珊瑚礁生物

刺尾鱼科

鳃斑刺尾鱼

日本刺尾鱼

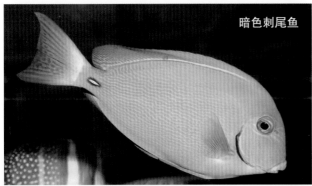

暗色刺尾鱼

杉带（纵带）刺尾鱼

橙斑刺尾鱼

黑鳃刺尾鱼

黄尾刺尾鱼

青唇栉齿刺尾鱼

横带刺尾鱼

六棘鼻鱼

栉齿刺尾鱼

长吻鼻鱼

颊吻鼻鱼

丝尾鼻鱼

多彩珊瑚礁生物

圆斑拟鳞鲀

波纹钩鳞鲀

颈带多棘鳞鲀

叉斑锉鳞鲀

黑边角鳞鲀

黑带锉鳞鲀

箱鲀科

粒突箱鲀

鲀科

纹腹叉鼻鲀

黑斑叉鼻鲀

黑斑叉鼻鲀

点线扁背鲀

第二节 其他动物

其他腔肠动物

赭色海底柏

圆盘肉芝软珊瑚

仙人掌珊瑚

圆盘肉芝软珊瑚

手指珊瑚

手指珊瑚

红手指珊瑚

粘海鸡冠珊瑚

水手珊瑚

苍珊瑚

娇嫩多孔螅

柏美羽螅

螺类（腹足纲）

马蹄螺

马蹄螺

蝾螺

蝾螺

管虫类

双旋虫

丝管虫

大旋鳃虫

大旋鳃虫

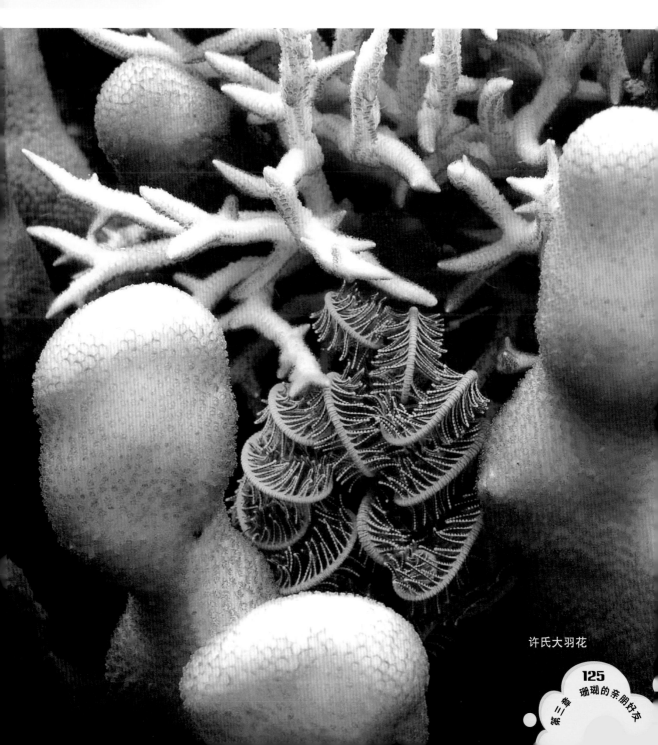

许氏大羽花

蜂海绵

柠檬海绵

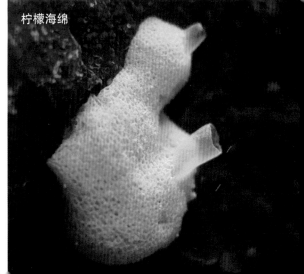

柠檬海绵

桶状海绵

海葵

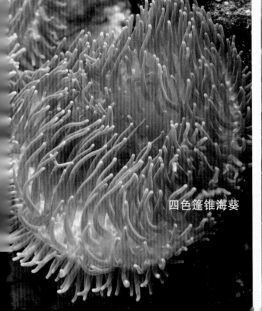

四色篷锥海葵

四色篷锥海葵

壮丽双辐海葵

壮丽双辐海葵

平展列指海葵

平展列指海葵

长棘海星

面包海星

粒皮海星

蓝指海星

海胆纲

蓝环冠海胆

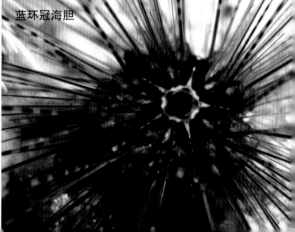

蓝环冠海胆

环刺棘海胆

环刺棘海胆

白棘三列海胆

海参纲

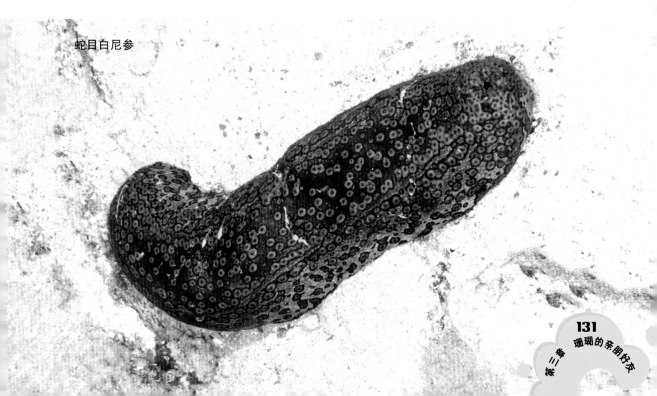

蛇目白尼参

黑海参

斑锚参

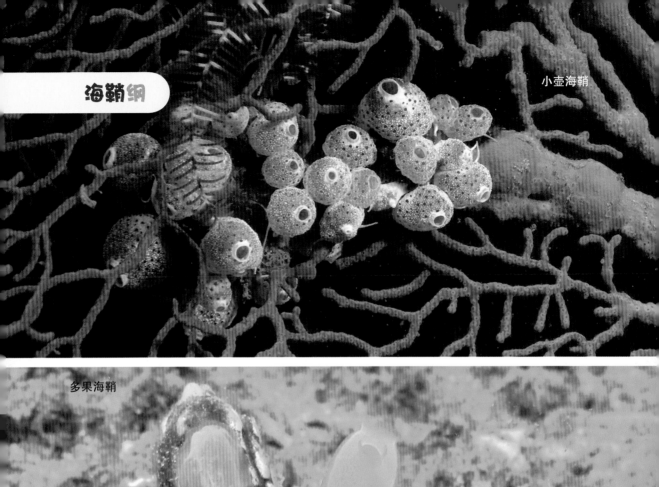

海鞘纲

小壶海鞘

多果海鞘

杂色龙虾

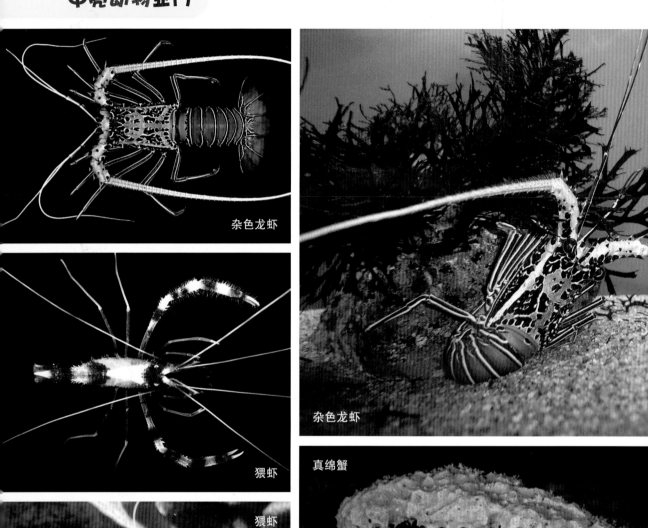

杂色龙虾

猥虾

猥虾

真绵蟹

第四章　珊瑚的敌人

一般而言，珊瑚适应于水质较好、人类活动干扰少的海域。自然界中，生态系统各组分间能维持较好的平衡，生产者、分解者以及初级消费者、次级消费者和顶级消费者之间的种群动态变化保持一定的规律。

但是，人类活动对地球生态产生的持续压力，不可避免地传导到了珊瑚礁生态系统。各种原因导致珊瑚的天敌大量出现，使本来处于平衡状态的珊瑚礁生态系统出现珊瑚大量死亡的现象。

第一节　珊瑚的捕食者

自然界中，有2种动物喜欢吃珊瑚虫，分别为长棘海星和核果螺。长棘海星的天敌是大法螺和苏眉鱼，核果螺的天敌是鳞鲀、刺鲀、隆头鱼、鲷鱼、帝王鳊等，而人类的捕捞活动往往使大法螺、苏眉鱼、鳞鲀、刺鲀、隆头鱼和鲷鱼等具有较高经济价值的动物数量减少，从而致使长棘海星和核果螺暴发，进而导致珊瑚死亡。

长棘海星

长棘海星多栖息于有珊瑚礁的水域，以珊瑚为食，广泛分布在印度洋－太平洋地区。它身体表面长着细长且有毒的棘刺，颜色十分丰富。长棘海星直径一般为

长棘海星

长棘海星

长棘海星

25~35厘米，最大的可达80厘米！长棘海星几乎吃所有类型的珊瑚，它一般以分枝型珊瑚（比如鹿角珊瑚）为食，但当食物不足时或者是出于其他特殊原因，它也会改变"饮食习惯"，吃其他类型的珊瑚。

通常一片珊瑚礁里长棘海星的数量很少，它们的大量出现被称为长棘海星暴发。

长棘海星肆虐过的区域，珊瑚礁往往呈现荒漠化现象。要是再有台风经过，将会成为一片废墟。

长棘海星暴发

长棘海星暴发

长棘海星入侵后，丝状藻类覆盖珊瑚

长棘海星入侵前

据报道，至少有 11 种不同的海洋动物以成年的长棘海星为食物，其中包括苏眉鱼、1 种河豚、2 种炮弹鱼（拟鳞鲀）、1 种法螺（一种非常大的软体动物）、1 种小丑虾、1 种被称为多毛绳虫的多毛类、1 种类似息肉的腔肠动物——假宝石海葵（调查结果显示，这种海葵能够把长棘海星整个吞噬掉，甚至直径达到 34 厘米的海星也不放过）。

遭长棘海星入侵及台风侵袭后的珊瑚已被摧毁

核果螺

我国近海分布的核果螺至少有 8
种，分属于核果螺属和小核果螺属，它
们都可以在珊瑚礁环境中被找到。

核果螺都是"小个子"物种，最长
不会超过 5 厘米。核果螺会将珊瑚虫从
珊瑚骨骼上剥离开后吃掉，暴露出来的
珊瑚骨骼会很快被藻类覆盖。这种伤痕
会对珊瑚生长产生不利影响。

在澳大利亚西北部，宁格鲁礁北部
的部分范围内一度有约 90% 的珊瑚死
亡，可能原因就是核果螺的暴发。核果
螺的暴发可能是因为当地过度捕捞而使
其缺少鱼类天敌，比如鳞鲀、刺鲀、隆
头鱼、鲷鱼、帝王鳊等。

除了核果螺外，另有三类螺也被认
为是珊瑚的敌人，即骨螺科的纺锤珊瑚
螺、法螺科的毛嵌线螺、及同属法螺
科的艳红美法螺，但对这些螺的报道较
少，它们对珊瑚的影响或许相对较小。

核果螺

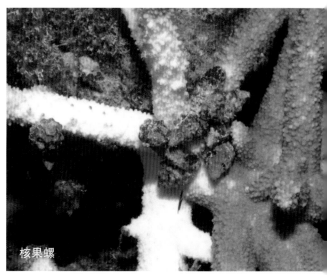

核果螺

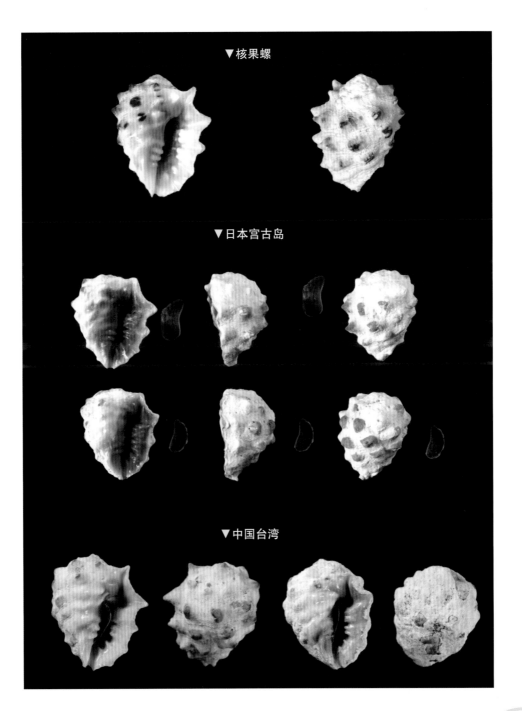

▼核果螺

▼日本宫古岛

▼中国台湾

第二节　生物竞争者——大型藻

越来越多的调查结果显示，伴随珊瑚礁生态系统的退化及海洋环境质量的下降，大型藻正快速占领珊瑚退化区域，在部分地方正与珊瑚竞争生存空间。

珊瑚礁区底栖海藻按照功能群可划分为皮壳状珊瑚藻、草皮海藻和大型海藻，每一种功能群都包含着不同种类的海藻。

一般情形下，只有大型海藻和草皮海藻对珊瑚产生不利影响。草皮海藻是短丝状海藻、大型海藻幼体和蓝藻的异质集合体，其对珊瑚的影响大多数都是负面的，对毗邻珊瑚组织的完整性、生理机能和繁殖能力都有不利影响。

大型海藻包含叶状海藻、具皮层叶状海藻、具皮层大型海藻、革质大型海藻等功能类型的海藻。多数大型海藻抑制珊瑚的生长，会降低珊瑚的生长率及其共生虫黄藻的光合效率，引起珊瑚白化；大型海藻与珊瑚竞争时，还会导致珊瑚繁殖能力的下降，并抑制退化珊瑚群落的恢复。

蒲扇藻

蒲扇藻属有 19 种，呈扇形或具有不规则侧枝。

蒲扇藻

蒲扇藻

多彩珊瑚礁生物

蒲扇藻

团扇藻

团扇藻属已知有 13 种，其中我国有 8 种。团扇藻属于季节性藻类，主要出现在夏季。

团扇藻

大团扇藻

团扇藻与海草（波喜荡草）抢占珊瑚礁区

塞舌尔近海部分珊瑚礁被大型海藻侵占

澳大利亚水深45米的海域，大型藻与珊瑚竞争生存空间

多彩珊瑚礁生物

第三节 极端天气

对珊瑚礁生态系统产生巨大破坏作用的极端天气主要包括两类，即高温和台风。

持续的高温是由近代以来温室气体大量排放导致全球温度升高带来的结果。海水温度相应升高，致使珊瑚虫体内共生的虫黄藻被"驱离"出来。这些共生藻本应该为珊瑚虫提供营养。离开共生藻后，珊瑚就逐渐失去原有色彩，直至完全褪色。如果水温在几周时间内恢复正常，虫黄藻便可以重新与珊瑚共生，珊瑚将慢慢恢复颜色。否则，等待珊瑚的就只有慢慢死亡了。

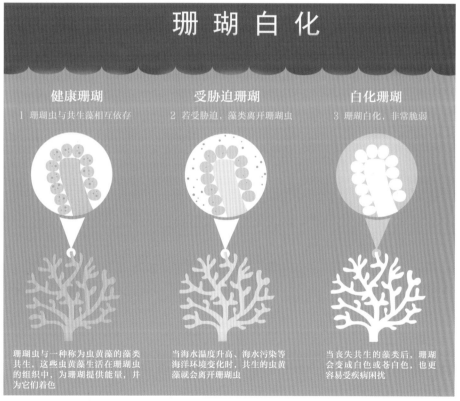

珊 瑚 白 化

健康珊瑚	受胁迫珊瑚	白化珊瑚
1 珊瑚虫与共生藻相互依存	2 若受胁迫，藻类离开珊瑚虫	3 珊瑚白化，非常脆弱

珊瑚虫与一种称为虫黄藻的藻类共生，这些虫黄藻生活在珊瑚虫的组织中，为珊瑚提供能量，并为它们着色

当海水温度升高、海水污染等海洋环境变化时，共生的虫黄藻就会离开珊瑚虫

当丧失共生的藻类后，珊瑚会变成白色或苍白色，也更容易受疾病困扰

珊瑚白化的表现

2016~2017年的高温对全球珊瑚礁造成了巨大的破坏作用，这次珊瑚白化事件波及了澳大利亚大堡礁超过85%的珊瑚区域，而且出乎意料的是，受灾最严重的区域位于最原始、距离海岸最远的"安全区域"——大堡礁北部。这一地带由于远离岸边的污染和大量捕鱼的影响，曾被认为是最安全的地方。

由于空气中温室气体二氧化碳浓度升高，有一部分二氧化碳会溶入水体，形成碳酸根和碳酸氢根离子，碳酸氢根离子浓度增加会导致海水pH下降，出现海洋酸化现象。酸性海水会溶解掉珊瑚体碳酸钙，致使与珊瑚共生的虫黄藻离开珊瑚体，加剧珊瑚白化现象。

正常情况下，台风每年都会在海洋上比较有规律地产生。但随着气候变化影响加剧，台风强度、频度都明显发生改变，发生时间也更不可测。超级台风时常发生，尤其是2014年的威马逊台风令人印象深刻。2006年台风库洛伊经过菲律宾海岸，导致阿波礁珊瑚覆盖率从51%突降至18%，影响非常强烈。

联合国气候变化委员会（IPCC）预测，如果全球二氧化碳排放量以现在的速度增加，至2100年，全球平均温度将比现在高2.5℃，那将对全球珊瑚造成致命的影响。

大洋洲西南部的新喀里多尼亚附近海域珊瑚白化，该海域曾被认为是最不可能发生珊瑚白化的区域

澳洲大堡礁珊瑚大面积白化

波斯湾海域珊瑚大量白化

在美属萨摩亚群岛附近海域珊瑚三种状态，即健康（2014年12月）、因白化逐渐死亡（2015年2月）及死亡后（2015年8月）的照片对比

健康—2014年12月　　　因白化逐渐死亡—2015年2月　　　死亡后—2015年8月

澳大利亚赫伦岛白化的珊瑚

台风过后，鹿角珊瑚被沉积物覆盖
（越南中部占婆岛）

2012 年台风帕布洛过后的珊瑚礁
（菲律宾阿波岛）

台风伊玛过后，佛罗里达海岸珊瑚被摧毁

第四节　病　害

　　珊瑚生长过程中，也会面临各种病害威胁，比较常见的有黑带病、黑斑病、白带病、白瘟病、白斑病、黄带病等。目前已知的珊瑚疾病多达 30 多种，但确定病原体的仅 6 种。频繁发生的珊瑚疾病导致主要造礁物种死亡，降底礁区的生物多样性，对珊瑚礁生态系统产生的破坏日益严重，甚至引起以珊瑚为主导的珊瑚礁系统转变为以大型藻类为主导的生态系统。

黑带病

　　黑带病是 20 世纪 70 年代最先报道的珊瑚疾病。黑带病更容易发生在脑珊瑚。

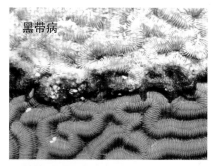

黑带病

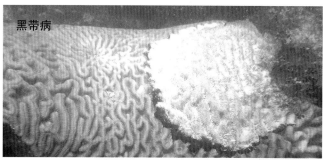

黑带病

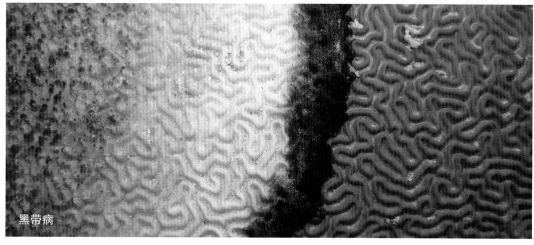

黑带病

黑斑病

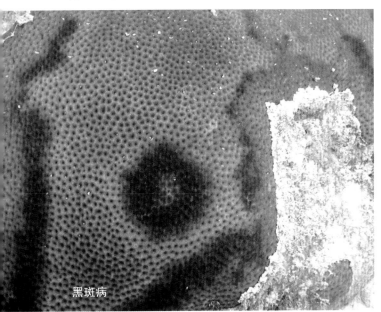

黑斑病

黑斑病

白带病

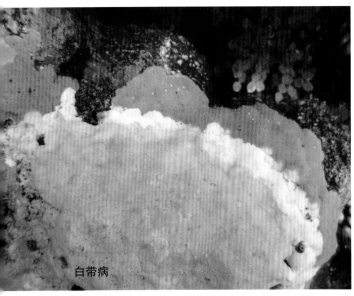

白带病

白带病

白瘟病

白瘟病是由病毒引起的疾病，传染极快。

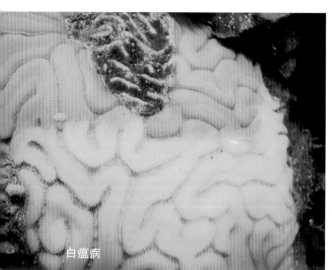

白瘟病

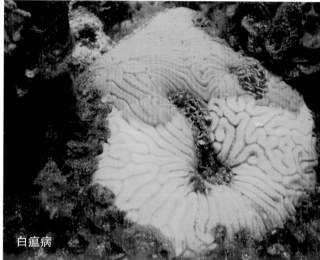

白瘟病

白瘟病

白斑病

白斑病也是由病毒引起的珊瑚疾病。

白斑病

白斑病

黄带病

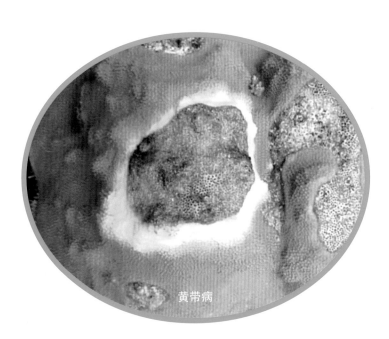

黄带病